NOTATION AND UNITS US

Symbol	Quantity		
h	Specific Enthalpy	Btu/lb	
p	Absolute Pressure	lbf/in^2	
s	Specific Entropy	Btu/lb °R	kJ/kg K
t	Temperature	°F	°C
u	Specific Internal Energy	Btu/lb	kJ/kg
v	Specific Volume	ft^3/lb	m^3/kg

Subscripts:

- f Saturated liquid
- g Saturated vapour
- fg Change of phase from liquid to vapour (evaporation)

Note: The word *specific* means *per unit mass* in this context.

Alternative terminology:

Sensible Heat:	h_f	enthalpy of saturated liquid
Latent Heat:	h_{fg}	enthalpy of evaporation
Heat of Formation:	$h_g = h_f + h_{fg}$	
Total Heat:	h	enthalpy

Dryness fraction x =   proportion of mass of wet steam which is saturated vapour ($x = 0$: saturated liquid, $x = 1$: saturated vapour).

Wetness fraction = $(1 - x)$

Specific enthalpy of wet steam: $h = h_f(1 - x) + h_g x$
$\qquad\qquad\qquad\qquad\qquad\quad = h_f + h_{fg} x$
(and similarly for other properties)

Absolute and Gauge Pressure and Vacuum:

$$p_{abs} = p_{gauge} + p_{ref} \qquad \text{Vacuum} = -p_{gauge}$$

The reference pressure p_{ref} is usually taken as atmospheric pressure.

Datum temperature for steam tables: 32°F, 0°C

PROPERTIES OF FUELS

	Typical Calorific Values Btu/lb	MJ/kg	Mass of Air per unit mass	Specific Gravity
Hydrogen	53 100	123.4	34.6	0.0695
Methane	22 100	51.5	17.2	0.0554
Natural Gas	21 400	49.7	16.6	0.589
Propane (gas)	20 500	47.7	15.6	1.562
Propane (liquid)	19 900	46.3	15.6	1.523
Butane (gas)	20 200	47.1	15.4	2.067
Butane (liquid)	19 700	45.8	15.4	1.941
Paraffin (Kerosene)	18 700	43.4	15.4	0.819
Diesel (Gas Oil)	18 200	42.4	15.2	0.904
Petrol (Gasoline)	18 800	43.7	15.3	0.739
Coal (Anthracite)	13 000	30	12.1	0.7-0.9 (piled) 1.4-1.8 (solid)
Coal (Bituminous)	12 000	28	12.1	0.6-0.9 (piled) 1.2-1.5 (solid)
Wood	6 000-10 000	14-23	6.0	0.4-0.9 (solid)

50% to 100% excess air is required in practise to ensure complete combustion and adequate draught.

Specific Gravity (which is the same as relative density) is relative to water for solids and liquids, and to air for gases.

PROPERTIES OF WATER

At standard atmospheric pressure:

Freezing point	32°F	0°C
Boiling point	212°F	100°C
Density:		
at freezing point	62.4 lb/ft^3	1000 kg/m^3
at boiling point	59.8 lb/ft^3	958 kg/m^3
Volume Coefficient of Thermal Expansion	1.15×10^{-4} /°F	2.1×10^{-4} K^{-1}
Bulk modulus (compressibility)	2.89×10^5 lbf/in^2	2.05 GN/m^2
Specific Heat	1.0 Btu/lb°F	4.19 kJ/kgK

THE ATMOSPHERE

<u>Standard Atmospheric Conditions:</u>

Pressure	14.7 lbf/in²	1.013 bar
	29.9 in Hg	760 mm Hg
	10.3 m H₂O	33.9 ft H₂O
Temperature	59°F	15°C
Air density	0.0765 lb/ft³	1.23 kg/m³

Pressure: 14.7 lbf/in^2, 1.013 bar; 29.9 in Hg, 760 mm Hg; 10.3 m H_2O, 33.9 ft H_2O. Temperature: 59°F, 15°C. Air density: 0.0765 lb/ft^3, 1.23 kg/m^3.

Air density may be taken as proportional to absolute pressure and inversely proportional to absolute temperature.

<u>Composition of Air:</u>

	% by volume	% by mass
Nitrogen N_2	78.1	75.5
Oxygen O_2	21.0	23.1
Argon Ar	0.9	1.3
Carbon Dioxide CO_2	0.03	0.05

GENERAL INFORMATION AND FORMULAE

Acceleration due to gravity	32.2 ft/s²	9.81 m/s²
Area of circle	$\frac{1}{4}\pi d^2$ or πr^2	
Area of ellipse	$\frac{1}{4}\pi d_1 d_2$	
Area of triangle	½ base × height	
Curved surface area of cylinder or sphere	πd^2 or $4\pi r^2$	
Volume of cylinder	Ah	

(A is the cross-sectional area, which may be of any shape)

Volume of cone or pyramid	⅓ base area × height	
Volume of sphere	$\frac{1}{6}\pi d^3$ or $\frac{4}{3}\pi r^3$	
Indicated power of engine	$\dfrac{plAn}{3300}$ hp	$\dfrac{plAn}{6\times 10^5}$ kW
p = mean effective pressure	lbf/in²	bar
l = cylinder stroke	ft	cm
A = cylinder area	in²	cm²

n = working strokes per minute
(a double-acting cylinder has two working strokes per revolution)

SATURATED WATER AND STEAM
(British Thermal Units)

p	t_s	v_g	u_f	u_g	h_f	h_{fg}	h_g	s_f	s_{fg}	s_g
0.1	35.0	2946.0	3.0	1023	3.0	1074.1	1077.1	0.0061	2.1709	2.1770
0.2	53.1	1526.0	21.2	1029	21.2	1063.3	1085.0	0.0422	2.0741	2.1163
0.3	64.5	1039.5	32.5	1032	32.5	1057.4	1089.9	0.0641	2.0171	2.0812
0.4	72.9	791.9	40.9	1035	40.9	1052.7	1093.6	0.0799	1.9764	2.0563
0.5	79.6	641.4	47.6	1037	47.6	1048.8	1096.4	0.0924	1.9448	2.0372
0.6	85.2	540.0	53.2	1039	53.2	1045.7	1098.9	0.1028	1.9188	2.0216
0.7	90.1	466.9	58.1	1041	58.1	1042.9	1101.0	0.1117	1.8968	2.0085
0.8	94.4	411.7	62.4	1042	62.4	1040.4	1102.8	0.1194	1.8777	1.9971
0.9	98.2	368.4	66.2	1043	66.2	1038.3	1104.5	0.1263	1.8608	1.9871
1.0	101.7	333.6	69.7	1044	69.7	1036.3	1106.0	0.1326	1.8456	1.9782
1.2	107.9	280.9	75.9	1046	75.9	1032.7	1108.6	0.1435	1.8193	1.9628
1.4	113.3	243.0	81.2	1048	81.2	1029.6	1110.8	0.1528	1.7971	1.9499
1.6	118.0	214.3	85.9	1049	85.9	1026.9	1112.8	0.1610	1.7776	1.9386
1.8	122.2	191.8	90.1	1051	90.1	1024.5	1114.6	0.1683	1.7605	1.9288
2.0	126.1	173.7	94.0	1052	94.0	1022.2	1116.2	0.1749	1.7451	1.9200
2.5	134.4	140.9	102.3	1055	102.3	1017.4	1119.7	0.1890	1.7124	1.9014
3.0	141.5	118.7	109.4	1057	109.4	1013.2	1122.6	0.2008	1.6855	1.8863
3.5	147.6	102.7	115.5	1059	115.5	1009.6	1125.1	0.2109	1.6627	1.8736
4.0	153.0	90.63	120.9	1060	120.9	1006.4	1127.3	0.2198	1.6427	1.8625
4.5	157.8	81.16	125.7	1062	125.7	1003.6	1129.3	0.2276	1.6252	1.8528
5.0	162.2	73.52	130.1	1063	130.1	1001.0	1131.1	0.2347	1.6094	1.8441
5.5	166.3	67.24	134.2	1064	134.2	998.5	1132.7	0.2412	1.5951	1.8363
6.0	170.1	61.98	137.9	1065	138.0	996.2	1134.2	0.2472	1.5820	1.8292
6.5	173.6	57.50	141.4	1066	141.5	944.1	1135.6	0.2528	1.5699	1.8227
7.0	176.8	53.64	144.7	1067	144.8	992.1	1136.9	0.2581	1.5586	1.8167
7.5	179.9	50.29	147.8	1068	147.9	990.2	1138.1	0.2629	1.5481	1.8110
8.0	182.9	47.34	150.8	1069	150.8	988.5	1139.3	0.2674	1.5383	1.8057
8.5	185.6	44.73	153.5	1070	153.6	986.3	1140.4	0.2718	1.5290	1.8008
9.0	188.3	42.40	156.2	1071	156.2	985.2	1141.4	0.2759	1.5203	1.7962
9.5	190.8	40.31	158.7	1072	158.7	983.6	1142.3	0.2798	1.5120	1.7918
10.0	193.2	38.42	161.1	1072	161.2	982.1	1143.3	0.2835	1.5041	1.7876
10.5	195.5	36.72	163.4	1073	163.5	980.7	1144.2	0.2870	1.4967	1.7837
11.0	197.7	35.14	165.7	1074	165.7	979.3	1145.0	0.2903	1.4897	1.7800
11.5	199.9	33.71	167.8	1074	167.9	978.0	1145.9	0.2936	1.4828	1.7764
12.0	202.0	32.40	169.9	1075	170.0	976.6	1146.6	0.2967	1.4763	1.7730
12.5	204.0	31.18	171.9	1075	172.0	975.4	1147.4	0.2998	1.4699	1.7697
13.0	205.9	30.06	173.9	1076	173.9	974.2	1148.1	0.3027	1.4638	1.7665
13.5	207.7	29.02	175.7	1076	175.8	973.0	1148.8	0.3055	1.4579	1.7634
14.0	209.6	28.04	177.6	1077	177.6	971.9	1149.5	0.3083	1.4522	1.7605
14.7	212.0	26.80	180.0	1078	180.1	970.3	1150.4	0.3120	1.4446	1.7566

SATURATED WATER AND STEAM
(British Thermal Units)

p	t_s	v_g	u_f	u_g	h_f	h_{fg}	h_g	s_f	s_{fg}	s_g
15	213.0	26.29	181.1	1078	181.1	969.7	1150.8	0.3135	1.4414	1.7549
16	216.3	24.75	184.4	1079	184.4	967.6	1152.0	0.3184	1.4313	1.7497
17	219.4	23.39	187.5	1080	187.6	965.5	1153.1	0.3231	1.4218	1.7449
18	222.4	22.17	190.5	1080	190.6	963.6	1154.2	0.3275	1.4128	1.7403
19	225.2	21.08	193.4	1081	193.4	961.9	1155.3	6.3317	1.4043	1.7360
20	228.0	20.09	196.1	1082	196.2	960.1	1156.3	0.3357	1.3962	1.7319
21	230.6	19.19	198.7	1083	198.8	958.4	1157.2	0.3395	1.3885	1.7280
22	233.1	18.37	201.3	1083	201.3	956.8	1158.1	0.3431	1.3811	1.7242
23	235.5	17.63	203.7	1084	203.8	955.2	1159.0	0.3466	1.3740	1.7206
24	237.8	16.94	206.1	1085	206.1	953.7	1159.8	0.3500	1.3672	1.7172
25	240.1	16.30	208.3	1085	208.4	952.2	1160.6	0.3533	1.3606	1.7139
26	242.3	15.71	210.5	1086	210.6	950.7	1161.3	0.3564	1.3544	1.7108
27	244.4	15.17	212.7	1086	212.7	949.3	1162.0	0.3594	1.3484	1.7078
28	246.4	14.66	214.7	1087	214.8	947.9	1162.7	0.3623	1.3425	1.7048
29	248.4	14.19	216.8	1087	216.9	946.3	1163.4	0.3652	1.3368	1.7020
30	250.3	13.75	218.7	1088	218.8	945.3	1164.1	0.3680	1.3313	1.6993
32	254.1	12.94	222.5	1089	222.6	942.8	1165.4	0.3733	1.3209	1.6942
34	257.6	12.23	226.1	1090	226.2	940.3	1166.5	0.3783	1.3110	1.6893
36	261.0	11.59	229.5	1691	229.6	938.0	1167.6	0.3831	1.3017	1.6848
38	264.2	11.01	232.8	1691	232.9	935.8	1168.7	0.3876	1.2929	1.6805
40	267.3	10.50	235.9	1092	236.0	933.7	1169.7	0.3919	1.2844	1.6763
42	270.2	10.03	238.9	1093	239.0	931.6	1170.6	0.3960	1.2764	1.6724
44	273.1	9.601	241.8	1093	242.0	929.6	1171.6	0.4000	1.2687	1.6687
46	275.8	9.209	244.6	1094	244.7	927.7	1172.4	0.4038	1.2613	1.6652
48	278.5	8.848	247.3	1094	247.5	925.8	1173.3	0.4075	1.2542	1.6617
50	281.0	8.515	249.9	1095	250.1	924.0	1174.1	0.4110	1.2475	1.6585
52	283.5	8.208	252.5	1096	252.6	922.2	1174.8	0.4144	1.2409	1.6553
54	285.9	7.922	254.9	1096	255.1	920.5	1175.6	0.4177	1.2346	1.6523
56	288.2	7.656	257.3	1097	257.5	918.3	1176.3	0.4209	1.2285	1.6494
58	290.5	7.407	259.6	1097	259.8	917.1	1176.9	0.4240	1.2226	1.6466
60	292.7	7.175	261.9	1098	262.1	915.5	1177.6	0.4270	1.2168	1.6438
62	294.9	6.957	264.1	1098	264.3	913.9	1178.2	0.4300	1.2112	1.6412
64	296.9	6.752	266.2	1099	266.5	912.3	1178.8	0.4328	1.2059	1.6387
66	299.0	6.560	268.3	1099	268.6	910.8	1179.4	0.4356	1.2006	1.6362
68	301.0	6.378	270.4	1100	270.6	909.4	1180.0	0.4383	1.1955	1.6338
70	302.9	6.206	272.4	1100	272.6	907.9	1180.5	0.4409	1.1906	1.6315
72	304.8	6.044	274.3	1101	274.6	906.5	1181.1	0.4435	1.1857	1.6292
74	306.7	5.890	276.2	1101	276.5	905.1	1181.6	0.4460	1.1810	1.6270
76	308.5	5.743	278.1	1101	278.4	903.7	1182.1	0.4484	1.1764	1.6248
78	310.3	5.604	280.0	1102	280.2	902.4	1182.6	0.4508	1.1720	1.6228

SATURATED WATER AND STEAM
(British Thermal Units)

p	t_s	v_g	u_f	u_g	h_f	h_{fg}	h_g	s_f	s_{fg}	s_g
80	312.0	5.472	281.8	1102	282.0	901.1	1183.1	0.4531	1.1676	1.6207
85	316.3	5.168	286.1	1103	286.4	897.8	1184.2	0.4587	1.1571	1.6158
90	320.3	4.896	290.3	1104	290.6	894.7	1185.3	0.4641	1.1471	1.6112
95	324.1	4.652	294.2	1105	294.6	891.7	1186.3	0.4692	1.1376	1.6068
100	327.8	4.432	298.1	1105	298.4	888.8	1187.2	0.4740	1.1286	1.6026
105	331.4	4.232	301.7	1106	302.1	886.0	1188.1	0.4787	1.1199	1.5986
110	334.8	4.049	305.3	1107	305.7	833.2	1188.9	0.4831	1.1117	1.5948
115	338.1	3.882	308.7	1107	309.1	880.6	1189.7	0.4875	1.1037	1.5912
120	341.3	3.728	312.0	1108	312.4	877.9	1190.3	0.4916	1.0962	1.5878
125	344.3	3.587	315.3	1108	315.7	875.4	1191.1	0.4956	1.0888	1.5844
130	347.3	3.455	318.4	1109	318.8	872.9	1191.7	0.4995	1.0817	1.5812
135	350.2	3.333	321.4	1109	321.8	870.6	1192.4	0.5032	1.0749	1.5781
140	353.0	3.220	324.3	1110	324.8	868.2	1193.0	0.5069	1.0682	1.5751
145	355.8	3.114	327.2	1110	327.7	865.8	1193.5	0.5104	1.0618	1.5722
150	358.4	3.015	330.0	1111	330.5	863.6	1194.3	0.5138	1.0556	1.5694
155	361.0	2.922	332.7	1111	333.2	861.4	1194.6	0.5171	1.0495	1.5666
160	363.5	2.834	335.4	1111	335.9	859.2	1195.1	0.5204	1.0436	1.5640
165	366.0	2.752	338.0	1112	338.5	857.1	1195.6	0.5235	1.0380	1.5615
170	368.4	2.675	340.5	1112	341.1	854.9	1196.0	9.5266	1.0324	1.5590
175	370.8	2.601	343.0	1112	343.6	852.9	1196.4	0.5296	1.0270	1.5566
180	373.1	2.532	345.4	1113	346.0	850.8	1196.8	0.5325	1.0217	1.5542
190	377.5	2.404	350.1	1113	350.8	846.8	1197.6	0.5381	1.0116	1.5497
200	381.8	2.288	354.7	1114	355.4	843.0	1198.4	0.5435	1.0018	1.5453
210	385.9	2.183	359.0	1114	359.8	839.2	1199.0	0.5487	0.9925	1.5412
220	389.9	2.087	363.3	1115	364.0	835.6	1199.6	0.5537	0.9835	1.5372
230	393.7	1.999	367.3	1115	368.1	832.0	1200.1	0.5584	0.9750	1.5334
240	397.4	1.918	371.3	1115	372.1	828.5	1200.6	0.5631	0.9667	1.5298
250	401.0	1.844	375.1	1116	376.0	825.1	1201.1	0.5675	0.9588	1.5263
260	404.4	1.775	378.9	1116	379.8	821.7	1201.5	0.5719	0.9510	1.5229
270	407.8	1.711	382.5	1116	383.4	818.5	1201.9	0.5760	0.9436	1.5196
280	411.1	1.651	386.0	1117	387.0	815.3	1202.3	0.5801	0.9363	1.5164
290	414.2	1.595	389.4	1117	390.5	812.1	1202.6	0.5841	0.9292	1.5133
300	417.3	1.543	392.8	1117	393.8	809.0	1202.8	0.5879	0.9225	1.5104
310	420.4	1.494	396.1	1117	397.1	806.0	1203.1	0.5916	0.9159	1.5075
320	423.3	1.448	399.3	1118	400.4	803.0	1203.4	0.5952	0.9094	1.5046
330	462.2	1.405	402.4	1118	403.6	800.0	1203.6	0.5988	0.9031	1.5019
340	429.0	1.364	405.5	1118	406.7	797.1	1203.8	0.6022	0.8970	1.4992
350	431.7	1.326	408.4	1118	409.7	794.2	1203.9	0.6056	0.8910	1.4966

SUPERHEATED STEAM
(British Thermal Units)

p (t_s)	t	250	300	350	400	500	600	800	1000
20 (228.0)	v	20.79	22.36	23.89	25.43	28.46	31.47	37.46	43.44
	h	1167.3	1191.6	1215.6	1239.2	1286.6	1334.4	1432.1	1533.0
	s	1.7476	1.7808	1.8117	1.8396	1.8918	1.9392	2.0235	2.0978
30 (250.3)	v		14.82	15.86	16.90	18.93	20.95	24.96	28.95
	h		1189.3	1213.8	1237.9	1285.7	1333.8	1431.7	1532.7
	s		1.7336	1.7647	1.7937	1.8464	1.8940	1.9786	2.0530
40 (267.3)	v		11.04	11.84	12.63	14.17	15.69	18.70	21.70
	h		1186.8	1211.9	1236.5	1284.8	1333.1	1431.3	1532.4
	s		1.6994	1.7309	1.7608	1.8140	1.8619	1.9467	2.0212
50 (281.0)	v		8.775	9.423	10.05	11.30	12.52	14.94	17.71
	h		1185.0	1210.2	1234.9	1283.7	1332.5	1431.2	1532.2
	s		1.6723	1.7043	1.7339	1.7874	1.8358	1.9216	1.9981
60 (292.7)	v		7.812	7.818	8.357	9.403	10.43	12.45	14.45
	h		1182.0	1208.2	1233.6	1283.0	1331.8	1430.5	1531.9
	s		1.6498	1.6830	1.7135	1.7678	1.8162	1.9015	1.9762
80 (312.0)	v			5.803	6.220	7.020	7.797	9.322	10.33
	h			1204.3	1230.7	1281.1	1330.5	1429.7	1531.3
	s			1.6475	1.6791	1.7346	1.7836	1.8694	1.9442
100 (327.8)	v			4.592	4.937	5.589	6.218	7.446	8.656
	h			1200.1	1227.6	1279.1	1329.1	1428.9	1530.8
	s			1.6188	1.6518	1.7085	1.7581	1.8443	1.9193
150 (358.4)	v				3.223	3.681	4.113	4.944	5.758
	h				1219.4	1274.1	1325.7	1426.9	1529.4
	s				1.5995	1.6599	1.7109	1.7984	1.8740
200 (381.8)	v				2.361	2.726	3.060	3.693	4.309
	h				1210.3	1268.9	1322.1	1424.8	1528.0
	s				1.5594	1.6240	1.6767	1.7655	1.8415
250 (401.0)	v					2.151	2.427	2.942	3.439
	h					1263.4	1318.5	1422.7	1526.6
	s					1.5949	1.6495	1.7397	1.8162
300 (417.3)	v					1.768	2.005	2.442	2.859
	h					1257.6	1314.7	1420.6	1525.2
	s					1.5701	1.6268	1.7184	1.7954
350 (431.7)	v					1.493	1.701	2.083	2.441
	h					1250.8	1310.3	1418.3	1523.1
	s					1.5471	1.6057	1.6993	1.7763

SATURATED WATER AND STEAM
(SI Units)

p	t_s	v_g	u_f	u_g	h_f	h_{fg}	h_g	s_f	s_{fg}	s_g
0.010	7.0	129.2	29	2385	29	2485	2514	0.106	8.868	8.974
0.015	13.0	87.98	55	2393	55	2470	2525	0.196	8.631	8.827
0.020	17.5	67.01	73	2399	73	2460	2533	0.261	8.462	8.723
0.025	21.1	54.26	88	2403	88	2451	2539	0.312	8.330	8.642
0.030	24.1	45.67	101	2408	101	2444	2545	0.354	8.222	8.576
0.035	26.7	39.48	112	2412	112	2438	2550	0.391	8.130	8.521
0.040	29.0	34.89	121	2415	121	2433	2554	0.422	8.051	8.473
0.045	31.0	31.14	130	2418	130	2428	2558	0.451	7.980	3.431
0.050	32.9	28.20	138	2420	138	2423	2561	0.476	7.918	8.394
0.055	34.6	25.77	145	2422	145	2419	2564	0.500	7.860	8.360
0.06	36.2	23.74	152	2425	152	2415	2567	0.521	7.808	8.329
0.07	39.0	20.53	163	2429	163	2409	2572	0.559	7.715	8.275
0.08	41.5	18.10	174	2432	174	2403	2577	0.593	7.636	8.229
0.09	43.8	16.20	183	2435	183	2398	2581	0.622	7.564	8.187
0.10	45.8	14.67	192	2438	192	2393	2585	0.649	7.500	8.150
0.11	47.7	13.42	200	2440	200	2388	2588	0.674	7.443	8.117
0.12	49.4	12.36	207	2443	207	2384	2591	0.696	7.389	8.086
0.13	51.0	11.47	214	2445	214	2380	2594	0.717	7.341	8.058
0.14	52.6	10.69	220	2447	220	2377	2597	0.737	7.294	8.033
0.15	54.0	10.02	226	2449	226	2373	2599	0.755	7.254	8.009
0.16	55.3	9.432	232	2451	232	2370	2601	0.772	7.213	7.986
0.18	57.8	8.444	242	2454	242	2364	2605	0.804	7.140	7.945
0.20	60.1	7.648	251	2456	251	2358	2609	0.832	7.075	7.907
0.22	62.2	6.994	260	2459	260	2353	2613	0.858	7.016	7.874
0.24	64.1	6.995	268	2461	268	2348	2616	0.882	6.962	7.844
0.28	67.5	5.578	283	2466	283	2339	2622	0.925	6.866	7.791
0.32	70.6	4.921	295	2470	295	2332	2627	0.962	6.783	7.745
0.36	73.4	4.407	307	2473	307	2325	2632	0.996	6.709	7.705
0.40	75.9	3.992	318	2476	318	2318	2636	1.026	6.643	7.669
0.45	78.7	3.591	329	2481	329	2312	2641	1.060	6.571	7.631
0.50	81.3	3.239	340	2483	340	2305	2645	1.091	6.502	7.593
0.55	83.7	2.964	351	2486	351	2298	2649	1.119	6.442	7.561
0.60	86.0	2.731	360	2489	360	2293	2653	1.145	6.386	7.531
0.65	88.0	2.535	369	2492	369	2288	2657	1.169	6.335	7.504
0.70	90.0	2.364	377	2494	377	2283	2660	1.192	6.286	7.478
0.75	91.8	2.217	384	2496	384	2278	2662	1.213	6.243	7.456
0.80	93.5	2.087	392	2498	392	2273	2665	1.233	6.201	7.434
0.85	95.2	1.972	399	2500	399	2269	2668	1.252	6.162	7.414
0.90	96.7	1.869	405	2502	405	2266	2671	1.270	6.124	7.394
1.00	99.6	1.694	417	2506	417	2258	2675	1.303	6.056	7.359

SATURATED WATER AND STEAM
(SI Units)

p	t_s	v_g	u_f	u_g	h_f	h_{fg}	h_g	s_f	s_{fg}	s_g
1.1	102.3	1.549	429	2510	429	2251	2680	1.333	5.994	7.327
1.2	104.8	1.428	439	2512	439	2244	2683	1.361	5.937	7.298
1.3	107.1	1.325	449	2515	449	2238	2687	1.387	5.884	7.271
1.4	109.3	1.236	458	2517	458	2232	2690	1.411	5.835	7.246
1.5	111.4	1.159	467	2519	467	2226	2693	1.434	5.789	7.223
1.6	113.3	1.091	475	2521	475	2221	2696	1.455	5.747	7.202
1.7	115.2	1.031	483	2524	483	2216	2699	1.475	5.707	7.182
1.8	116.9	0.9774	491	2526	491	2211	2702	1.494	5.669	7.163
1.9	118.6	0.9292	498	2528	498	2206	2704	1.513	5.632	7.145
2.0	120.2	0.8856	505	2530	505	2202	2707	1.530	5.597	7.127
2.1	121.8	0.8461	511	2531	511	2198	2709	1.547	5.564	7.111
2.2	123.3	0.8100	518	2533	518	2193	2711	1.563	5.533	7.096
2.3	124.7	0.7770	524	2534	524	2189	2713	1.578	5.503	7.081
2.4	126.1	0.7466	530	2536	530	2185	2715	1.593	5.474	7.067
2.5	127.4	0.7186	535	2537	535	2182	2717	1.697	5.446	7.053
2.6	128.7	0.6927	541	2539	541	2178	2719	1.621	5.419	7.040
2.7	139.0	0.6686	546	2540	546	2174	2720	1.634	5.393	7.027
2.8	131.2	0.6462	551	2541	551	2171	2722	1.647	5.368	7.015
2.9	132.4	0.6253	556	2543	556	2168	2724	1.660	5.344	7.004
3.0	133.5	0.6057	561	2544	561	2164	2725	1.672	5.321	6.993
3.1	134.7	0.5875	566	2545	566	2161	2727	1.684	5.297	6.981
3.2	135.8	0.5702	571	2546	571	2157	2728	1.695	5.275	6.970
3.3	136.8	0.5540	575	2547	576	2154	2730	1.706	5.254	6.960
3.4	137.9	0.5387	580	2548	580	2151	2731	1.717	5.233	6.950
3.5	138.9	0.5243	584	2549	584	2148	2732	1.728	5.213	6.941
3.6	139.9	0.5106	588	2550	589	2145	2734	1.738	5.193	6.931
3.7	140.8	0.4976	592	2551	593	2142	2735	1.748	5.174	6.922
3.8	141.8	0.4853	596	2552	597	2139	2736	1.758	5.155	6.913
3.9	142.7	0.4736	600	2553	601	2137	2737	1.767	5.137	6.904
4.0	143.6	0.4623	605	2554	605	2134	2739	1.776	5.121	6.897
4.2	145.4	0.4417	612	2555	612	2128	2741	1.795	5.085	6.880
4.4	147.1	0.4228	619	2557	620	2123	2743	1.812	5.052	6.864
4.6	148.7	0.4055	626	2558	627	2118	2745	1.829	5.020	6.849
4.8	150.3	0.3896	633	2560	634	2113	2747	1.845	4.990	6.835
5.0	151.8	0.3748	639	2562	640	2109	2749	1.860	4.962	6.822
5.2	153.3	0.3613	646	2563	647	2104	2751	1.876	4.932	6.808
5.4	154.8	0.3487	652	2564	653	2099	2752	1.890	4.905	6.796
5.6	156.2	0.3369	658	2565	659	2095	2754	1.904	4.879	6.783
5.8	157.5	0.3259	664	2566	665	2091	2755	1.918	4.854	6.771
6.0	158.8	0.3156	669	2568	670	2087	2757	1.931	4.830	6.761

SATURATED WATER AND STEAM
(SI Units)

p	t_s	v_g	u_f	u_g	h_f	h_{fg}	h_g	s_f	s_{fg}	s_g
6.4	161.4	0.2970	681	2570	682	2078	2760	1.957	4.782	6.738
6.8	163.8	0.2805	691	2572	692	2070	2762	1.981	4.737	6.718
7.2	166.1	0.2657	701	2573	702	2063	2765	2.004	4.695	6.699
7.6	168.3	0.2524	711	2575	712	2055	2767	2.025	4.655	6.680
8.0	170.4	0.2403	720	2577	721	2048	2769	2.046	4.617	6.663
8.4	172.5	0.2295	729	2578	730	2041	2771	2.066	4.580	6.646
8.8	174.3	0.2196	738	2580	739	2034	2773	2.085	4.545	6.630
9.2	176.3	0.2105	746	2581	747	2028	2775	2.104	4.511	6.615
9.6	178.1	0.2022	754	2582	755	2022	2777	2.122	4.479	6.601
10.0	179.9	0.1944	762	2584	763	2015	2778	2.138	4.448	6.586
10.4	181.6	0.1873	769	2585	770	2009	2780	2.155	4.418	6.573
10.8	183.3	0.1807	777	2586	778	2003	2781	2.171	4.389	6.560
11.2	184.9	0.1745	784	2587	785	1998	2782	2.187	4.361	6.547
11.6	186.5	0.1687	791	2588	792	1992	2784	2.202	4.333	6.535
12.0	188.0	0.1632	797	2588	798	1986	2784	2.216	4.307	6.523
12.4	189.5	0.1583	804	2590	805	1981	2786	2.231	4.281	6.512
12.8	190.9	0.1535	810	2591	812	1975	2787	2.245	4.256	6.501
13.2	192.3	0.1491	817	2591	818	1970	2788	2.258	4.232	6.490
13.6	193.7	0.1448	823	2592	824	1965	2789	2.271	4.208	6.480
14.0	195.0	0.1408	828	2593	830	1960	2790	2.284	4.185	6.469
14.5	196.7	0.1363	836	2594	838	1955	2791	2.300	4.157	6.457
15.0	198.3	0.1317	843	2595	845	1947	2792	2.315	4.130	6.445
15.5	199.8	0.1277	850	2595	852	1941	2793	2.330	4.103	6.433
16.0	201.4	0.1237	857	2596	859	1935	2794	2.344	4.078	6.422
16.5	202.9	0.1202	864	2597	866	1929	2795	2.358	4.053	6.411
17.0	204.3	0.1167	870	2597	872	1923	2795	2.372	4.028	6.400
17.5	205.8	0.1135	876	2598	879	1918	2796	2.385	4.004	6.390
18.0	207.1	0.1104	883	2598	885	1912	2797	2.398	3.981	6.379
18.5	208.5	0.1075	889	2599	891	1907	2798	2.411	3.960	6.370
19.0	209.3	0.1047	895	2599	897	1901	2798	2.423	3.936	6.359
19.5	211.1	0.1021	901	2600	903	1896	2799	2.435	3.915	6.350
20.0	212.4	0.09957	907	2600	909	1890	2799	2.447	3.893	6.340
20.5	213.7	0.09725	912	2601	915	1886	2800	2.459	3.873	6.332
21.0	214.9	0.09498	918	2601	920	1880	2801	2.470	3.852	6.323
21.5	216.1	0.09281	923	2601	926	1875	2801	2.482	3.833	6.314
22	217.2	0.09069	923	2601	931	1870	2801	2.492	3.813	6.305
23	219.6	0.08690	939	2602	942	1860	2802	2.514	3.775	6.289
24	221.8	0.08323	949	2602	952	1850	2802	2.534	3.738	6.272
25	224.0	0.07998	959	2603	962	1841	2803	2.555	3.703	6.258

SUPERHEATED STEAM
(SI Units)

p (t_s)	t	150	200	250	300	350	400	450	500
1.5 (111.4)	v	1.286	1.445	1.601	1.757	1.912	2.067	2.222	2.376
	h	2773	2873	2973	3073	3175	3277	3382	3488
	s	7.420	7.643	7.843	8.027	8.197	8.355	8.503	8.646
2 (120.2)	v	0.9602	1.081	1.199	1.316	1.433	1.549	1.665	1.781
	h	2770	2871	2971	3072	3174	3277	3382	3487
	s	7.280	7.507	7.708	7.892	8.062	8.221	8.371	8.513
3 (133.5)	v	0.6342	0.7166	0.7965	0.8754	0.9533	1.031	1.109	1.187
	h	2762	2866	2968	3070	3172	3275	3380	3486
	s	7.078	7.312	7.517	7.702	7.873	8.032	8.181	8.324
4 (143.6)	v	0.4710	0.5345	0.5953	0.6549	0.7138	0.7725	0.8310	0.8893
	h	2753	2862	2965	3067	3170	3274	3379	3485
	s	6.929	7.172	7.379	7.566	7.738	7.898	8.049	8.191
5 (151.8)	v		0.4252	0.4745	0.5226	0.5701	0.6172	0.6641	0.7108
	h		2857	2962	3065	3168	3272	3377	3484
	s		7.060	7.271	7.460	7.633	7.793	7.944	8.087
6 (158.8)	v		0.3522	0.3940	0.4344	0.4743	0.5136	0.5528	0.5919
	h		2851	2958	3062	3166	3270	3376	3483
	s		6.968	7.182	7.373	7.546	7.707	7.858	8.001
7 (165.0)	v		0.3001	0.3364	0.3714	0.4058	0.4397	0.4734	0.5069
	h		2846	2955	3060	3164	3269	3374	3482
	s		6.888	7.106	7.298	7.473	7.634	7.786	7.929
8 (170.4)	v		0.2610	0.2933	0.3242	0.3544	0.3842	0.4138	0.4432
	h		2840	2951	3057	3162	3267	3373	3481
	s		6.817	7.040	7.233	7.409	7.571	7.723	7.866
10 (179.9)	v		0.2061	0.2328	0.2580	0.2825	0.3065	0.3303	0.3540
	h		2829	2944	3052	3158	3264	3370	3478
	s		6.695	6.926	7.124	7.301	7.464	7.617	7.761
15 (198.3)	v		0.1324	0.1520	0.1697	0.1865	0.2029	0.2191	0.2351
	h		2796	2925	3039	3148	3256	3364	3473
	s		6.452	6.711	6.919	7.102	7.268	7.423	7.569
20 (212.4)	v			0.1115	0.1255	0.1386	0.1511	0.1634	0.1756
	h			2904	3025	3138	3248	3357	3467
	s			6.547	6.768	6.957	7.126	7.283	7.431
25 (240.1)	v			0.0861	0.0995	0.1096	0.1171	0.1244	0.1396
	h			2881	3010	3128	3239	3350	3462
	s			6.408	6.654	6.744	7.004	7.173	7.326

CONVERSION FACTORS

Temperature	°R (Rankine)	°F (Fahrenheit)
K (Kelvin)	× 1.8	× 1.8, then subtract 460
°C (Celsius)*	add 273, then × 1.8	× 1.8, then add 32

* sometimes known as Centigrade

In the following tables, to convert from Metric to British, *multiply* by the number given. To convert from British to Metric, *divide* by the factor.

Length	in	ft	yd	mile
m	39.37	3.28	1.094	
km			1094	0.621

Area	in²	ft²	yd²
cm²	0.155		
m²	1550	10.76	1.20

Volume	in³	gal	ft³	yd³
cm³ (ml)	0.0610			
litre	61.0	0.220		
m³		220	35.3	1.308

Speed	ft/s	miles/hr	knots
m/s	3.281	2.237	1.944
km/hr	0.911	0.621	0.540

Mass	oz	lb	ton
gm	0.0353		
kg	35.3	2.205	
tonne		2205	0.98

Force, Weight	lbf	tonf
N	0.225	
kN	225	0.1004
kgf	2.205	

Density	lb/in³	lb/ft³
gm/cm³	0.0361	62.43
kg/m³		0.06243

Specific Volume	in³/lb	ft³/lb
cm³/gm		16 019
m³/kg	27 680	16.019